四川省 2020—2021 年度重点图书出版规划项目："第三极"科技文库

西藏道路交通典型高原地质灾害科考图集

叶唐进　李俊杰　王　鹰　著

西南交通大学出版社
·成 都·

图书在版编目（CIP）数据

西藏道路交通典型高原地质灾害科考图集 / 叶唐进，李俊杰，王鹰著. —成都：西南交通大学出版社，2021.8
（"第三极"科技文库）
ISBN 978-7-5643-7761-8

Ⅰ. ①西… Ⅱ. ①叶… ②李… ③王… Ⅲ. ①高原 – 公路运输 – 交通运输 – 地质灾害 – 灾害防治 – 西藏 – 图集 Ⅳ. ①U418.5-64

中国版本图书馆 CIP 数据核字（2020）第 202680 号

"第三极"科技文库

Xizang Daolu Jiaotong Dianxing Gaoyuan Dizhi Zaihai Kekao Tuji

西藏道路交通典型高原地质灾害科考图集

叶唐进　李俊杰　王　鹰　著

责任编辑	张　波
封面设计	曹天擎

出版发行	西南交通大学出版社 （四川省成都市金牛区二环路北一段 111 号 西南交通大学创新大厦 21 楼）
邮政编码	610031
发行部电话	028-87600564　　028-87600533
网址	http://www.xnjdcbs.com
印刷	四川玖艺呈现印刷有限公司

成品尺寸	210 mm × 285 mm
印张	10.75
字数	222 千
版次	2021 年 8 月第 1 版
印次	2021 年 8 月第 1 次
书号	ISBN 978-7-5643-7761-8
定价	80.00 元

"第三极"科技文库丛书序言

　　青藏高原是中国最大、世界海拔最高的高原，也是中华民族的源头地之一和中华文明的发祥地之一，占我国国土面积的约五分之一。青藏高原南起喜马拉雅山脉南缘，北至昆仑山、阿尔金山和祁连山北缘，平均海拔 4 000 m 以上，被誉为"世界屋脊""世界第三极"；青藏高原南部和东南部河网密集，为亚洲许多著名大河如长江、黄河、怒江、澜沧江、雅鲁藏布江、恒河、印度河等的发源地，素有"亚洲水塔"之称；青藏高原土地资源地域分布明显，但数量构成极不平衡，宜牧土地占总土地面积的一半以上，暂不宜利用的土地面积超过三分之一；青藏高原动植物品种丰富，但因其所处的地理环境，生态极其脆弱，在已列出的中国濒危及受威胁的 1 009 种高等植物中，青藏高原有 170 种以上，高原上濒危及受威胁的陆栖脊椎动物已知的有 95 种；青藏高原地域广阔，有着漫长而复杂的地质历史，各种环境下形成了丰富的物质；青藏高原光照资源丰富，年太阳总辐射量为 5 000 ~ 8 500 MJ/m^2，多数地区在 6 500 MJ/m^2 以上；青藏高原的地热资源丰富，热田多、分布广、热储量高。

　　青藏高原被喻为"世界屋脊"，一向以其独特的人文和自然景观闻名于世，其生态环境与发展问题举世瞩目。高原区域的可持续发展是国家全面进入小康社会、实施西部大开发战略的重要组成部分，而青藏高原地区形形色色的自然保护区，又是世界屋脊上生态环境最奇特、生物资源最丰富的自然资源宝库，具有极高的科学价值。青藏高原因其高海拔使得气候极端且多变，自然灾害频发、多样，生态系统极其脆弱，易受外界因素干扰破坏。深入研究青藏高原的形成机理、生态系统的保护与开发，是贯彻落实党中央关于新时代推进西部大开发形成新格局、推动共建"一带一路"高质量发展的战略部署，主动对接长江经济带发展、黄河流域生态保护和高质量发展等区域重大战略的必然要求，也是"牢固树立绿水青山就是金山银山理念，切实保护好地球第三极生态"、全面贯彻新时代党的治藏方略的必然要求。

以青藏高原为核心的"泛第三极地区"与"丝绸之路经济带"高度重合，在"一带一路"背景下，既要实现区域发展又要"守护好世界上最后一方净土"，前提是必须以科学研究为基础，从多学科角度深入认识青藏高原的自然、生态和人文。习近平总书记指出，保护好青藏高原生态就是对中华民族生存和发展的最大贡献。新中国成立后，通过自20世纪50年代以来国家对青藏高原进行了较大规模的考察；60—80年代对部分问题进行的专题性和区域性研究；90年代以来国家通过专项计划聚集国际科学前沿或国家重大战略需求开展的研究，极大以推动了青藏高原的科学研究水平，也培养了一大批扎根雪域高原的科技工作者，他们克服高原恶劣的自然环境，经过数十年的不断努力，取得了许多具有重要理论和应用价值的阶段性成果。改革开放后的四十余年，国家持续推进援藏工作，大批内地科技人员勇挑重担，深入青藏高原腹地，为雪域高原带来了最新的科研理论及手段的同时，也极大地推进了青藏高原各学科领域的深入研究。

在西藏和平解放70周年之际，由西南交通大学出版社推出的"第三极"科技文库丛书，是广大西藏科技工作者和援藏干部在藏期间的科研成果的汇集，集中体现了广大科研人员在各自的学科领域不断探索、勇于创新的精神，广大科研人员扎根雪域高原、努力建设边疆的报国情怀与各个学科领域学术研究的最新进展。

习近平总书记指出，做好西藏工作，"必须坚持治国必治边、治边先稳藏的战略思想"，"必须坚持依法治藏、富民兴藏、长期建藏、凝聚人心、夯实基础的重要原则"。青藏高原是世界屋脊、亚洲水塔，是地球"第三极"，是我国重要的生态安全屏障、战略资源储备基地，是中华民族特色文化的重要保护地。广大科技工作者一如既往地坚持科技自立自强的精神，按照习近平总书记提出的"在高原上工作，最稀缺的是氧气，最宝贵的是精神"，积极投身祖国边疆建设，为青藏高原的科学技术发展、为治边稳藏国家战略的实施、为青藏高原地区社会经济进步，不断作出自己的贡献！

相信本丛书的出版，一定能为继续做好青藏高原科学研究工作，推动青藏高原可持续发展、推进国家生态文明建设、促进全人类科学技术发展贡献中国智慧和中国方案。

中国工程院院士：

2021 年 7 月 26 日

前 言

西藏所辖区域是青藏高原的主体。由于高原复杂的地质背景、恶劣的气候条件以及特殊的地理环境等，西藏地区地质灾害类型齐全、数量众多、分布广泛、稳定性极为敏感，具有多发、频发、成群集中爆发等特点。近年来，由于全球气候变暖以及铁路、公路、水利水电等重大工程建设，高原典型地质灾害研究越来越受到广大学者重视。

本书为作者及其团队近几年对青藏高原西藏所有行政县、主要交通干线、典型灾害发生点的科学考察成果，利用三维激光扫描仪、无人机、RTK等先进设备采集了一手宝贵资料，较为全面、系统展现了西藏高原典型地质灾害对道路交通的危害。

青藏高原尤其是藏东南号称地质灾害的博物馆，也是从事地质灾害研究的宝地。本书结合野外科学考察成果，以西藏高原典型的滑坡、崩塌、泥石流、地震、碎屑坡、堰塞湖、冻土、涎流冰、风积砂、河岸冲刷等灾害为主线，并结合野外灾害点实时在线监测和高精度三维建模计算组织内容。

本书以科学考察图像资料为主，并对典型灾害点进行简要的文字介绍，既可以为青藏高原典型地质灾害研究和工程建设提供参考，起到抛砖引玉之效果，也可以作为科普书籍，扩展广大读者视野。

由于作者水平有限，编写时间仓促，书中恐有谬误之处，敬请广大读者不吝指正。

作 者

2021年5月

目 录

1 野外科考概述

1.1　科考背景及意义

由于地质环境复杂、构造活动强烈、地震频繁、地形陡峻以及气象条件恶劣等因素，西藏地质灾害十分活跃、类型极为丰富，尤其是著名的易贡大滑坡及堰塞湖、金沙江大滑坡及堰塞湖、米林碎屑流、樟木大滑坡等引起了地学工作者对西藏地质灾害的高度重视。因此，展开对西藏典型地质灾害的科学考察研究，全面了解西藏典型地质灾害，可以对几条进藏公路的维修养护，以及青藏铁路、川藏铁路、重大水利设施等建设提供指导，同时有利于制定西藏地质灾害预测预报、科学研究以及防灾减灾规划，对巩固国防、发展经济、改善民生以及维护边疆稳定也具有积极的作用。

1.2　科考概况

西藏高原典型地质灾害科学考察从 2015 年至 2020 年，将近 6 年时间，行程超过 3×10^4 km，涉足西藏 7 地市近 70 县，利用无人机、照相机、全站仪、RTK、三维激光扫描仪等设备，采集了典型的滑坡、崩塌、泥石流、碎屑坡、风积砂、河岸冲刷、堰塞湖、冻土、涎流冰等地质灾害数据，获得了西藏地质灾害的整体情况。具体的考察路线如表 1.1 所示。

科考涉及的主要交通道路如下：

（1）国道：G109、G216、G219、G317、G318、G349、G557、G559、G560、G564、G565 等；

（2）省道：S201、S203、S205、S207、S301、S302、S303、S508 等。

1.3　灾害现状

由于西藏地处青藏高原，气候条件恶劣、地质环境复杂、构造活动强烈、冰川冻土作用显著，因此，地质灾害种类繁多、发生频繁。主要地质灾害有崩塌、滑坡、泥石流、碎屑流、冻土、雪崩等数十种，其中冻土主要分布在藏北的阿里、那曲等地，山地灾害主要分布于藏东、藏南的昌都、林芝、日喀则等地。近年来，由于全球气候不断变暖，其灾害也呈现出越发增多和严重趋势，尤其是冰川灾害链、河岸冲刷等，是现在造成川藏线经常断道的主要地质灾害。

表 1.1　科考主要路线统计

时　间	路　线	里程
2015.07—2015.08 2015.12—2016.01 2016.07—2016.08	拉萨—达孜—墨竹工卡—工布江达—林芝—波密—八宿—左贡—芒康—巴塘	1 300 km
2017.11—2017.12	拉萨—达孜—墨竹工卡—工布江达—林芝—波密—墨脱—八宿—左贡—芒康—昌都	3 200 km
2017.07—2017.08	拉萨—曲水—尼木—仁布—日喀则—拉孜—萨迦—定结—定日—聂拉木—樟木—吉隆—萨嘎—昂仁	2 000 km
2018.06—2018.06	拉萨—曲水—尼木—仁布—日喀则—拉孜—萨迦—定结—定日—珠峰	1 200 km
2018.07—2018.08	拉萨—曲水—贡嘎—浪卡子—江孜—白朗—日喀则—昂仁—萨嘎—普兰—扎达—噶尔—日土—改则—尼玛—班嘎—那曲—嘉黎—当雄—羊八井—堆龙	5 000 km
2019.03—2019.03	拉萨—林周—旁多—墨竹工卡—甲玛—达孜	400 km
2019.04—2019.04	拉萨—浪卡子—洛扎—拉康—措美—山南—贡嘎	1 000 km
2020.04—2020.05	拉萨—贡嘎—扎囊—山南市—曲松—桑日—加查—朗县—米林—林芝—波密—然乌	1 700 km
2020.06—2020.07	拉萨—当雄—嘉黎—那曲—索县—巴青—丁青—类乌齐—昌都—江达—白格—贡觉—察雅—八宿—察隅—察瓦龙—波密—林芝—米林—朗县—加查—桑日—山南—扎囊—贡嘎	4 200 km
2020.09—2020.09	拉萨—贡嘎—浪卡子—江孜—康马—亚东—岗巴—定结—陈塘—日喀则—南木林—仁布—尼木—曲水	1 700 km
2020.10—2020.10	拉萨—扎囊—山南—桑日—加查—朗县—隆子—玉麦	1 200 km

2 典型斜坡灾害

西藏自治区主要山地灾害类型有滑坡、崩塌、泥石流、碎屑坡等，主要分布于藏东、藏南的昌都、林芝、日喀则等地；从主要山脉分布来看，主要集中在横断山脉和喜马拉雅山脉。此类地质灾害往往规模宏大，稳定性极为敏感。

2.1 典型滑坡

1.102 道班滑坡群

位于 G318 国道 102 道班处的滑坡群简称 102 滑坡群，为一大型冰碛物（Q_4^{fgl}）堆积体滑坡，体积达 5.1×10^6 万 m^3，以 2# 滑坡最为显著。据资料分析，2# 滑坡发育在一个老滑坡的基础上，在滑坡体中上部有地下水渗出，该滑坡体一直处于极不稳定状态，屡治屡坏，故称之为川藏线"卡脖子路段"。

2# 滑坡堆积体前缘宽 420 m，中部（公路段）宽 350 m，后部宽 300 m，斜长 550 m。滑坡堆积体前缘最低海拔 2 120 m，后缘最高海拔 2 525 m，高差 400 m 以上。堆积体表面平均坡度 32°。滑坡主后壁呈东西向弧形展布，东段高 80 ～ 90 m，中段约 40 ～ 50 m，西段 60 ～ 70 m，后壁坡度 45° ～ 70°。在滑坡西侧后部，有一条平行于主滑壁的张拉裂缝，离后壁平均距离为 8 m，长约 130 m，裂缝水平位移一般 0.8 ～ 1.0 m，最宽为 1.2 m，垂直位移 0.3 ～ 0.6 m。在滑坡东西两侧都发育有近南北向的裂缝，东侧裂缝宽约 0.40 m，长近 100 m，西侧裂缝宽约为 0.2 m，长 10 余米[1]。

▼ 图 2.1　滑坡群全景照片
◎ 岶隆藏布

► 图 2.2　2# 滑坡体全貌
◎ 最大渗水点

► 图 2.3　2# 滑坡背面全貌
◎ 帕隆藏布
◎ G318 国道
◎ 2#

► 图 2.4　渗水点局部照片
◎ 渗水点

◀ 图 2.5　2# 滑坡渗水流入路
　　面（2015.08.04 拍摄）
◎ 渗水汇集于公路
◎ 国道 G318

◀ 图 2.6　G318 国道弃用前的
　　2# 滑坡
◎ 国道 G318

9

► 图 2.7　G318 国道弃用 1 年
　后 2# 滑坡

◎ 第一次修建的锚索挡墙

◎ 第二次修建的锚索挡墙

► 图 2.8　G318 国道 2# 滑坡
　处局部照片

◎ 国道 G318

◎ 2#

2. 拉康大滑坡

拉康大滑坡位于山南市洛扎县拉康镇，为老滑坡，发生于上世纪70年代，受2012年2月7日至8日强降雨作用影响，滑坡体内开始出现变形迹象，表现为前缘鼓胀、后缘拉裂下错等，尤其是滑坡前缘出现多条拉裂缝，形成多个强变形区，严重危及附近村民生命财产安全及公路畅通。

滑坡体前缘位于虾曲河边，后缘至镇后侧山体坡脚，滑坡西南侧以水沟为界，东北侧边界至斜坡转折处一带，滑坡整体呈长舌形，滑坡主滑方向为305°。滑坡剖面形态呈近似阶梯形，横向宽度约300 m，纵向长度约1 400 m，平面面积为0.42 km²，滑坡体平均厚度约50 m，滑坡体体积约2.100×10⁷ m³，为土质特大型深层滑坡。地层主要为第四系全新统滑坡堆积层（Q_4^{del}），下伏白垩系拉康组一段（$K_1 1$）。地表水排放不合理、灌溉用水较多，地表水丰富，且有多处出露，是坡体不稳定的主要因素。

滑坡体最高点位于斜坡东南侧山顶处，高程约3 430 m，最低点位于斜坡北西侧河谷地带，高程约3 034 m，高差约396 m，坡度上缓下陡，斜坡坡向305°，整体坡度约30°，斜坡上土地类型主要为旱地、林地，植被发育，以灌木、乔木为主，覆盖率约70%。滑坡前缘坡度较陡，其坡度为40°～50°，变形较为突出，局部滑动点较多；滑坡中后部地形相对较缓，坡度20°～35°，但局部次级滑动后缘陡坡发育。滑坡体上部分建筑及公路出现沉降变形。

▼ 图2.9　拉康大滑坡侧面全貌
◎ 拉康镇
◎ 裂缝

► 图 2.10 滑坡后缘俯视图

◎ 拉康镇

► 图 2.11 滑坡前缘局部滑动

◎ 前缘滑动

◎ 挤压河道

► 图 2.12 滑坡体前缘的醉汉林

◀ 图 2.13　滑坡体上的渗水点

▲ 图 2.14　滑坡体上的地表水

▲ 图 2.15　滑坡体的裂缝

3. 拉姆村滑坡

　　拉姆村滑坡点位于拉萨市达孜县拉姆村东 2 km 处、G318 国道 K4580 旁边，具体坐标为纬度 29°48′N、经度 91°35′E，位于拉萨河左岸。主要地层属于第四系残坡积层，按成因类型包括残积层（Q_4^{el}）、崩积层及滑坡堆积层（$Q_4^{col+del}$），基岩为白垩纪楚木龙组（K_2c），滑坡体大部分厚度在 5 ~ 15 m 之间，滑坡体中部厚度较大，两侧厚度逐渐变小。

　　滑坡体坡向为 24°，坡长为 125 m，顶部坡宽为 80 m、底部坡宽为 107 m。滑坡体的平均坡度为 36°，前缘坡度较陡，约为 43°，存在 2 处局部滑动，后缘存在小平台，坡度较缓，约为 24°，但存在 4 条张拉裂缝，宽度为 12 cm，长度为 3 ~ 6 m，稳定性较差，严重威胁下游的 G318 国道和拉林高等级公路。

► 图 2.17　拉姆村滑坡全貌
◎ 裂缝位置
◎ 拉萨河
◎ 拉林高速公路
◎ 国道 G318

14

◀ 图 2.18　滑坡俯视图
◎ 国道 G318

◀ 图 2.19　滑坡体正上方全景
◎ 拉萨河
◎ 拉林高速公路
◎ 滑坡体

◀ 图 2.20　滑坡体前缘局部滑动
◎ 国道 G318

▲ 图 2.21　滑坡体后缘张拉裂缝

4. 樟木镇滑坡

樟木镇滑坡位于喜马拉雅山南麓中尼边境樟木口岸,是我国与尼泊尔之间唯一有公路相连的通商口岸。受地形限制,樟木口岸的主要建筑物修建于地形相对平缓的滑体中下部平台[2]。2005 年 8 月福利院处滑坡复活造成 19 间民房和多处基础设施破坏;2010 年 1 月至 2011 年 12 月,滑坡体上的 5 个监测点累计位移在 15 ~ 112 mm,局部变形十分剧烈;2012 年 7 月 8 日的降雨(97 mm/d)促发了邦村东滑坡和菜市场滑坡的复活;同月持续降雨使通往邦村东的公路发生大面积滑动,多处公路被阻断;2015 年 4 月 25 日的尼泊尔特大地震使樟木镇滑坡多处出现变形迹象,街道变形,坡体上公路靠山一侧多处坍塌。日趋频繁和加剧的滑坡灾害,造成众多建筑物开裂、地面塌陷变形、乡镇基础设施受损甚至失效等。

樟木口岸古滑坡由福利院古滑坡和帮村东古滑坡 2 个大型古滑坡组成[3]。具体情况如下:

(1)福利院古滑坡位于斜坡的西北方,平面形态呈长舌状,纵向长约 720 m,横向宽约 300 m,平均厚度约 40 m,体积约 8.6×10^6 m³,主滑方向 273°,前缘剪出口位于波曲左岸陡崖顶,后缘位于山顶陡坡处,坡度 25° ~ 35°,其上发育消防队和烈士陵园两个次级滑坡,目前对烈士陵园滑坡已实施抗滑支挡措施治理。

（2）帮村东古滑坡位于斜坡的东南方，与福利院古滑坡毗邻，平面形态呈不规则状，地形呈沟槽山脊相间，周界被后期的崩坡积物覆盖而改造，地势总体东南高，西北低。滑体纵向长 600 ~ 760 m，横向宽 660 ~ 840 m，厚度 10 ~ 72.5 m，西南侧较东南侧厚，体积约 2.7×10^7 m³，主滑方向 217° ~ 241°，具分块滑动特征为前缘剪出口位于波曲河和电站沟岸坡陡崖顶，后缘位于坡体后部环状缓平台附近，坡度 15° ~ 35°，其上发育帮村东 1、2 次级滑坡。

▼ 图 2.22　樟木镇滑坡全貌
◎ 樟木镇

▲ 图 2.23　滑坡局部坍塌　◎ 国道 G318

▲ 图 2.24　樟木镇街道沉降与裂缝

17

▲ 图 2.25　樟木镇建筑物开裂损毁
◎ 裂缝

5. 金沙江白格滑坡

金沙江白格滑坡位于江达县波罗乡白格村日安组，2018 年 10 月 10 日发生大型滑坡堵江事件。滑坡体地理坐标为 31°04′N，98°41′E，滑坡距离波罗乡政府约 20 km、江达县城约 98 km。10 月 10 日 22 时，滑坡体整体滑动并转化为碎屑流，阻断金沙江形成堰塞湖。3 天后，堰塞坝自然溃口，当天险情解除。11 月 3 日 17 时许，该处再次发生滑动，再次形成堰塞湖。12 日 12 时 50 分，堰塞湖实现人工干预泄流[4]。

通过实地踏勘，发现坡体的中下部存在地下水出露。白格滑坡后缘紧邻坡顶，高程约 3 718 m，与坡脚高差达 834 m。前人对滑坡特征进行了较详细的描述[5]。滑坡平面形态呈长条状，主滑体呈楔形体，剖面形态呈陡缓相间的阶状。滑坡纵向长约 1 600 m，最大宽度约 700 m，平均宽度约 550 m，主滑方向 82° ~ 102°。该滑坡边界特征清晰，滑体岩性以片麻岩为主，滑床岩性后缘到中部范围为绿灰色蛇纹岩，中前部为片麻岩。

根据当地居民反映，堰塞湖上游的波罗乡最高建筑 11 层，堰塞湖湖水淹没到第 9 层楼位置，导致上游很多建筑、桥梁等淹没在水中，岸坡出现大量不稳定斜坡。堰塞湖人工泄流后，又导致下游两岸大量民房、道路和桥梁等被冲毁。

▲ 图 2.26 白格滑坡正面全景　◎ 金沙江　◎ 渗水点

► 图 2.27　滑坡侧面全景

► 图 2.28　滑坡背面全景

► 图 2.29　滑坡体治理后及不
　稳定局部
◎ 不稳定局部

◀ 图 2.30　滑坡后壁局部变形

◀ 图 2.31　堰塞湖上游波罗乡
◎ 波罗乡

◀ 图 2.32　波罗乡被淹没后的
　建筑
◎ 淹没位置

► 图 2.33　波罗乡被淹没后的
　　房屋

► 图 2.34　堰塞湖上游（波罗
　　乡）不稳定的岸坡

► 图 2.35　堰塞湖上游边坡失稳

◀ 图 2.36　堰塞湖下游（竹巴龙）被冲毁的建筑

◀ 图 2.37　堰塞湖下游（竹巴龙）被冲毁的桥梁

◀ 图 2.38　堰塞湖下游（竹巴龙）被冲毁的房屋

► 图 2.39　堰塞湖下游（竹巴龙）被冲毁的变电站

► 图 2.40　滑坡治理后采用了监测措施

◎ 监测设备

6. 国道 G317 昌都段滑坡

　　国道 G317 昌都段是川藏线（北线）西藏境内地质灾害较多的区域，分布有滑坡、崩塌、泥石流、冻土等地质灾害，其滑坡较为典型，从成分来看，主要为土质滑坡。

◀ 图 2.41　国道 317 滑坡翻过
挡墙

◎ 国道 G317

◀ 图 2.42　滑坡挤压公路变形

◎ 国道 G317

◎ 变形处

◀ 图 2.43　公路上的滑坡

◎ 国道 G317

► 图 2.44　变形破坏的边坡

◎ 国道 G317

► 图 2.45　变形滑动的斜坡

► 图 2.46　滑坡及损坏的石笼

◎ 国道 G317

◀图 2.47　公路上的滑坡群
◎国道 G317

◀图 2.48　公路沿线滑坡
◎国道 G317

2.2　崩塌落石

崩塌落石在西藏除了藏北极少以外，在其他区域均有分布，其中藏东及藏南山区分布较多，最为严重的分布在金沙江、澜沧江、怒江和雅鲁藏布江等峡谷，川藏公路崩塌落石区主要分布在八宿至巴塘段。

1. 登巴村崩塌

登巴村崩塌位于芒康县曲登乡登巴村 G318 国道 K3513+400 处，地理坐标为 29°32′N，98°14′E，距离曲登乡登巴村约 1 000 m，海拔 3 503 m，崩塌发生于 2015 年，规模较大，毁坏道路 50 m，导致川藏公路中断。

崩塌的主要岩性为新生界古近系贡觉组（Eg）紫红色砾岩、砂岩、黏土岩等，附近存在一组南北走向逆断层。坡高为 34 m，坡长 39 m，坡度 86°，坡向 221°，岩体厚度 2.4 m，有 3 组结构面。稳定性控制结构面产状为 248°∠81°，长度约 16 m，宽度 2.7 m，其卸荷裂隙深度在 20 m 以上，崩落岩石最大块度：2.4 m × 1.8 m × 2.1 m。

► 图 2.49 登巴村崩塌全貌
◎ 国道 G318

► 图 2.50 崩塌局部照片
◎ 国道 G318

► 图 2.51 崩塌的落石
◎ 国道 G318

2. 江古拉山危岩

江古拉山危岩位于拉萨市北郊，地理坐标为 29°41′N，91°8′E，海拔 3 727 ～ 4 339 m，危岩数量较多，分布零散，规模较大，且稳定性较为敏感，对下游建筑等形成威胁。

危岩的主要岩性为晚白垩世（K_2）黑云母二长花岗岩，俗称拉萨花岗岩，属于侵入岩，呈现出球状风化。危岩边坡的坡长 1 171 m，平均坡度 46°，坡向 218°。坡体上均有危岩体分布，大小不等。

► 图 2.53　江古拉山危岩全
　　貌
◎ 顶部危岩
◎ 球状危岩

► 图 2.54　坡顶上危岩群

► 图 2.55　球状危岩

▲ 图 2.56　坡体顶部危岩

▼ 图 2.57　坡体中下部危岩

▲ 图 2.58　坡体中下部危岩

▲ 图 2.59　斜坡中部危岩

▲ 图 2.60 斜坡中上部危岩

◀ 图 2.61 落石及毁坏的建筑
◎ 建筑墙体
◎ 落石

3. 罗玛危岩

罗玛危岩位于墨竹工卡县日多乡罗玛村，地理坐标为29°42′N，92°02′E，位于G318国道K4529+600处，海拔4 111 m，距离罗玛村1 679 m。具有典型的危岩体3处，大型落石堆1处，体积约为1 600 m³，影响沿线国道安全畅通。

该危岩体边坡岩性为晚白垩世（K_2）黑云母二长花岗岩，俗称拉萨花岗岩，属于侵入岩。坡向65°，坡度71°，坡长61 m，坡宽160 m，危岩块度为11 m×5 m×6 m。危岩体存在3组结构面，第一组结构面产状为97°∠78°，长度29 m，间距10 m；第二组结构面产状为200°∠7°，长度5～11 m，间距9 m；第三组结构面产状为125°∠90°，长度12 m，间距1.5 m。

▲ 图2.62　危岩体边坡全貌

◎ 危岩

◎ 国道G318

◎ 岩堆

◎ 拉林高速公路

◀ 图 2.63　1# 和 2# 危岩体局
　　部照片
◎ 危岩
◎ 国道 G318
◎ 岩堆
◎ 拉林高速公路

◀ 图 2.64　公路上的岩堆
◎ 岩堆
◎ 国道 G318

◀ 图 2.65　3# 危岩体照片
◎ 危岩体

4. 聂拉木县危岩

聂拉木县位于喜马拉雅山与拉轨岗日山之间，南与尼泊尔王国毗邻，是樟木口岸的必经之地，该区域分布有滑坡、崩塌、泥石流等地质灾害，其县城受危岩和落石等灾害影响较为严重。

▲ 图 2.66　危岩山体全貌
◎ 危岩体
◎ 聂拉木县

▲ 图 2.67　斜坡上危岩林立
◎ 危岩体

▲ 图 2.68　县城斜坡上的危岩　◎ 危岩体

▲ 图 2.69　检查站附近的危岩　◎ 危岩体

▲ 图 2.70　县城附近公路上的岩堆　◎ 国道 G318

5. 83 道班危岩

　　83 道班危岩位于波密县玉普镇 G318 国道 83 道班附近，地理坐标为 29°31′N，96°34′E，位于 G318 国道 K3902+400 处，海拔 3 765 m。具有典型的危岩体 1 处，大型落石堆 1 处，其结构面已经贯通，危岩体极为不稳定。

　　该危岩体边坡岩性为早白垩世（K₁）二长花岗岩，属于侵入岩。坡向 270°，坡度 76°，坡长 67 m，坡宽 96.5 m，危岩块度为 15 m×3.2 m×4.1 m。危岩体构面产状为 275°∠59°，长度 15.5 m，间距 5 m，裂缝宽度 2～5 cm，无充填。

► 图 2.71 危岩边坡全貌
○ 危岩体
○ 国道 G318
○ 落石

► 图 2.72 危岩体上的凹腔

◀ 图 2.73　危岩体底部局部崩塌

◀ 图 2.74　危岩体贯通张开的结构面

◎ 结构面

◀ 图 2.75　已经崩塌的落石

6. 丙察察线怒江段危岩及落石

丙察察线是云南进入西藏的新通道，从丙中洛经察瓦龙至察隅，简称丙察察线，是云南进入西藏的最美通道，也是最危险的通道，其怒江段最为危险，有崩塌落石、滑坡、泥石流、雪崩、碎屑流、河岸冲刷等地质灾害，其中崩塌落石极为严重，严重阻碍公路的安全营运和过往行人的生命安全。

▶ 图 2.76　怒江河谷危岩边坡
◎ 结构面
◎ 极不稳定危岩
◎ 丙察察公路
◎ 怒江

▶ 图 2.77　公路上方的危岩体
◎ 危岩体
◎ 丙察察公路

◀ 图 2.78　公路上方的危岩体
◎ 危岩体
◎ 丙察察公路

◀ 图 2.79　公路上的危岩
◎ 丙察察公路

◀ 图 2.80　公路上的岩堆
◎ 丙察察公路

► 图 2.81 公路上的落石
◎ 丙察察公路

► 图 2.82 公路上的岩堆
◎ 丙察察公路

► 图 2.83 公路上的落石
◎ 丙察察公路

◀ 图 2.84　公路上的岩堆
◎ 丙察察公路

◀ 图 2.85　公路上的落石
◎ 丙察察公路

◀ 图 2.86　危岩体及落石
◎ 危岩
◎ 丙察察公路

► 图 2.87　危岩体及落石
◎ 丙察察公路

► 图 2.88　公路上岩堆
◎ 丙察察公路
◎ 怒江

► 图 2.89　崩落的岩石碎屑
◎ 碎屑堆
◎ 丙察察公路

◀ 图 2.90　公路上的岩堆
◎ 丙察察公路

◀ 图 2.91　公路上的岩堆
◎ 丙察察公路

◀ 图 2.92　公路上的岩堆
◎ 丙察察公路

45

► 图 2.93　落石及砸坏的护栏
◎ 落石
◎ 丙察察公路

► 图 2.94　公路上的落石
◎ 丙察察公路

7. 川藏公路藏东段落石

川藏公路藏东段崩塌落石八宿至巴塘段较多，主要分布在金沙江、澜沧江、和怒江峡谷路段，其中较为典型的有然乌湖段，现已采用防护网、棚洞等进行治理，由于落石灾害严重，仍然存在落石击穿棚洞砸毁车辆的现象存在。

▲图 2.95　国道 G318 危岩边坡（海通沟）

◎ 危岩

◎ 国道 G318

▲ 图 2.96　公路上方的危岩（林芝镇）

◎ 危岩体

◎ 落石

◎ 国道 G318

► 图 2.97　公路上的落石（玉普）

◎ 国道 G318

◎ 落石

► 图 2.98　公路上的落石（索通）

◎ 国道 G318

► 图 2.99　公路上的落石（海通沟）

◎ 国道 G318

◀ 图 2.100　公路上的落石（岗村）

◎ 国道 G318

◀ 图 2.101　川藏公路上的落石（岗村）

◎ 国道 G318

◀ 图 2.102　公路上岩体崩塌（怒江河谷）

◎ 国道 G318

► 图 2.103　公路上岩体崩塌
　　（玛西）
◎ 危岩
◎ 国道 G318
◎ 清理后的岩堆

► 图 2.104　公路上的落石（八
　　宿）
◎ 国道 G318

► 图 2.105　公路上的落石
　　（105 道班）
◎ 国道 G318

◀ 图 2.106　被动防护网上的
　　落石（然乌）
◎ 落石
◎ 国道 G318

◀ 图 2.107　落石击穿棚洞顶
　　板（然乌）

◀ 图 2.108　落石击穿棚洞顶
　　板（然乌）
◎ 国道 G318

▶ 图 2.109　损毁的棚洞及落
　石（然乌）

◎ 落石

◎ 损毁的棚洞

8. 陈塘和玉麦公路落石

　　陈塘镇和玉麦乡同属于喜马拉雅山脉中东部南麓山地，山体破碎陡峻，降雨丰沛，斜坡稳定性极为敏感，受公路工程建设的扰动，落石灾害极为发育，严重影响公路的安全畅通。

▲ 图 2.110　落石路段（陈塘镇）

◀ 图 2.111　落石路段（陈塘镇）

◀ 图 2.112　落石砸毁路面及护栏（陈塘镇）

◀ 图 2.113　落石砸毁挡土墙（陈塘镇）

▲ 图 2.114 落石路段（陈塘镇）

▲ 图 2.115 落石严重路段（陈塘镇）

▲ 图 2.116 崩塌落石中断道路（陈塘镇）

▲ 图 2.117 落石路段（陈塘镇）

► 图 2.118　落石与滑坡路段
　（陈塘镇）

▲ 图 2.119　落石砸毁石笼（陈塘镇）

◀ 图 2.120　落石破坏主动网
（玉麦乡）

▲ 图 2.121　落石路段（玉麦乡）

▲ 图 2.122　落石路段（玉麦乡）

▲ 图 2.123　落石与"麻子"路面（玉麦乡）

▲ 图 2.124　落石路段（玉麦乡）

2.3 泥石流

西藏的泥石流分布较为广泛，主要分布在藏东和藏南的山区，其中西藏林芝地区分布最多，主要为冰川泥石流，以波密分布最多，如天摩沟泥石流、索通沟泥石流、古乡泥石流等。拉萨、山南和日喀则泥石流主要与地表植被具有密切关系。

1. 措拉山泥石流

措拉山泥石流位于日喀则拉孜县措拉山垭口附近，在 G318 国道旁，地理坐标为 29°3′N，94°54′E，海拔 4 284 m。该区域泥石流极为发育，每年的雨季是泥石流的高峰期，随时都有断道风险，对 G318 国道影响极为严重。

通过勘查，该区域属于晚三叠世中贝混杂岩（$T_{2-3}Z^M$），主要物质成分为粉砂质板岩、硅质泥岩风化碎屑，由于海拔较高，植被稀少，风化层较厚，汇水面积较宽，坡度较陡。因此，泥石流灾害极为严重，该路段雨季一直有道班工人在此负责抢通。

▲ 图 2.125　泥石流堆积区全貌
◎ 国道 G318

► 图 2.126　1# 主沟泥石流全
　　貌
◎ 国道 G318

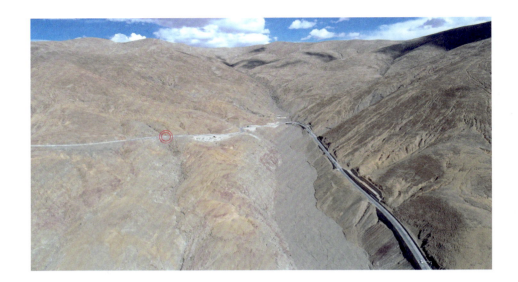

► 图 2.127　1# 主沟泥石流局
　　部
◎ 国道 G318

► 图 2.128　2# 主沟泥石流全
　　貌

◀图 2.129　2# 泥石流主沟局
部照片

◀图 2.130　正在抢通 2# 泥石
流淤塞的 G318 国道

2. 琼嘎泥石流

琼嘎泥石流位于山南市曲松县城西的琼嘎村，距进城检查站 1 286 m，地理
坐标为 29°5′N，92°9′E，海拔 3 853 m。该区域泥石流较为发育，就县城附近存
在 3 条泥石流沟，对 S306 省道及琼嘎村存在一定威胁和影响。

泥石流区域为晚三叠系姐德秀岩组（T_{3j}），主要物质成分为灰色变质岩中
细粒长石石英砂岩、深灰色粉砂质绢云板岩、粉砂岩等风化碎屑。该区域植被
稀少、汇水面积大、松散固体堆积物较为丰富，极易形成泥石流灾害。通过实
地调查，该泥石流沟形成区存在大量的农田，加上每年的雨季集中降雨，是该
泥石流不断爆发的主因。

► 图 2.131　琼嘎泥石流全貌

◎ 国道 G560

► 图 2.132　泥石流形成区

► 图 2.133　穿越泥石流堆积
区的公路

3. 天摩沟冰川泥石流

天摩沟冰川泥石流位于波密县古乡松绕村，距离波密县城 54 km，在帕隆藏布流域中下游左岸，地理坐标为 29°59′N，95°19′E，最低点海拔 2 460 m，最高点海拔 5 590 m。该泥石流属于藏东南众多典型冰川泥石流之一，爆发频繁，危害性和危险性较大。其泥石流的发生与全球气候变暖有密切的关系。

该泥石流形成区属于海洋性冰川，冰雪面积约为 1.42 km²，其平均坡度在 60° 以上，在降雨条件下，结合冰雪消融，该区域极易在短时间内大量汇水。流通区沟道两侧残存 10 m 以上的坡积物极为松散，极易形成冰川型泥石流。

根据调查走访，2007 年以前未曾爆发过泥石流，沟谷下游台地曾有人居住和耕种，2007 年 9 月 4 日持续暴雨导致泥石流爆发，导致 8 人死亡和失踪，冲下固体物源约 134×10^4 m³，并短暂堵塞帕隆藏布，形成堰塞湖。2010 年 7 月 25 日和 2010 年 9 月 6 日 2 次爆发泥石流，形成堰塞湖，回水导致 G318 国道路基被冲毁。两次冲出固体物源分别为 50×10^4 m³、45×10^4 m³。2018 年 7 月 11 日凌晨 3 时爆发泥石流，泥石流冲上对岸，一辆面包车被毁，淤埋 G318 国道 220 m，道路中断 2 天，冲出固体物源约 30×10^4 m³，使原来的堰塞湖继续扩大达到 10×10^6 m³ 以上，导致 G318 国道路基多处塌方[6]。

▼ 图 2.134 天摩沟泥石流沟全貌
◎ 天磨沟

► 图 2.135 泥石流航拍全貌

◎ 天磨沟

◎ 帕隆藏布

► 图 2.136 流通区被冲刷的坡积物

► 图 2.137 流通区被泥石流折断的树枝

◀ 图 2.138　流通区被泥石流
　　折断的树枝全景

◀ 图 2.139　碰撞抛出的巨石
◎　抛落的巨石

◀ 图 2.140　碰撞抛出的块石
　　及砸毁的树林

► 图 2.141 冲出的块石

◎ 国道 G318

► 图 2.142 冲出的块石

► 图 2.143 冲出的巨石

◀ 图 2.144　堆积区被冲刷的
　　河岸
◎ 帕隆藏布
◎ 国道 G318

◀ 图 2.145　冲刷坍塌的河岸
◎ 帕隆藏布

◀ 图 2.146　泥石流堵塞形成
　　的堰塞湖
◎ 国道 G318
◎ 帕隆藏布
◎ 堰塞湖
◎ 天摩沟

▲　图 2.147　堰塞湖淹没公路及冲刷路基

◎　乡村道路

◎　国道 G318

4. 迫龙沟冰川泥石流

迫龙沟泥石流位于林芝县迫龙镇迫龙沟，是川藏公路卡脖子路段的核心部位，在帕隆藏布流域中下游右岸，泥石流堆积区地理坐标为30°2′N，95°0′E，属于典型的高原冰川型泥石流。

结合遥感影像分析得出：该泥石流沟的海拔最低点为 2 000 m，最高点为 5 828 m；全长 19.02 km，其中冰雪段长 10.90 km；流域面积 86.10 km^2，汇水区面积 49.46 km^2；平均坡度 32°，沟道比降 13.22%。迫龙沟泥石流的水源来源于一条长 9.25 km 的冰斗槽谷冰川消融及降雨，坡度较大，汇水面积较宽，长 6.14 km 的沟谷两岸松散坡积物是泥石流主要固体物源的来源。

据文献记载，1983 年 7 月爆发特大型泥石流拉开了迫龙沟泥石流序幕[7]，连续 3 年均爆发大型泥石流，其中 1985 年 5 月 29 日最大，1986 年至 1990 年发生数次洪水及小型泥石流。最近一次发生于 2015 年 8 月 14 日，冲毁了 1 km 长的公路和钢便桥。

◀ 图 2.148　泥石流堆积区全貌
◎ 迫龙沟
◎ 迫龙大桥
◎ 泥石流堆积扇
◎ 帕隆藏布

◀ 图 2.149　迫龙沟泥石流

▲ 图 2.150　迫龙泥石流沟新
　　大桥与老钢便桥
◎ 堆积扇
◎ 老桥

5. 沙巴泥石流

　　沙巴泥石流位于波密县玉普镇沙巴以东 2 km，距离玉普镇检查站 10.6 km，位于 G318 国道 K3951+300 处，在帕隆藏布流域中游右岸，海拔为 3 142 m。泥石流堆积区地理坐标为 29°40′N，96°12′E，该处公路为过水路面。

　　2015 年 8 月 4 日晚上，该区域强降雨，致使该处流爆发泥石流，淤埋公路 200 m，导致 G318 国道中断 10 h，其堆积体挤压帕隆藏布河道。通过走访调查获知，该处每年均有数次小型泥石流爆发。

▶ 图 2.151　沙巴泥石流堆积
　　区
◎ 帕隆藏布

◀ 图 2.152　泥石流挤压帕隆藏布

◀ 图 2.153　泥石流淤埋 G318 国道

◎ 国道 G318

◀ 图 2.154　堆积扇中岩石颗粒

2.4　碎屑坡

　　碎屑斜坡主要是指形成于特殊地质、气候等作用下，成分以碎石、砾石及中粗砂为主，且颗粒之间无胶结或胶结很弱，稳定性极为敏感的松散物质斜坡，属于藏东南地区高原高山峡谷公路边坡特有且集中发育的一种特殊边坡灾害类型。从定义来看，碎屑坡不仅特征显著、类型独特、稳定性敏感，而且属于高原区域性分布的一个特殊且典型的地质灾害类型。

　　碎屑坡主要以松散的碎屑颗粒堆积的斜坡，坡度在 30° ~ 40° 之间，基本与斜坡的休止角大小一致，主要集中在 33° ~ 35°，堆积体的坡形呈扇形或倒置的酒杯状。其成分主要有以下 3 种为主：一是以二长花岗岩、闪长岩和片麻岩风化的崩坡积物，主要成分以中粗砂和砾石为主；二是冲洪积物滚落堆积的斜坡，主要成分以砾石、卵石等岩土颗粒为主；三是以板岩、千枚岩等风化的残坡积物，主要成分以砾石和碎石颗粒为主。结合碎屑斜坡成分、颗粒大小、胶结状态、失稳运动方式，碎屑斜坡可细分为溜砂坡、滚石坡及碎石坡，具体类型及划分见表 2.1。

表 2.1　碎屑斜坡分类及划分依据 [8]

斜坡类型	成分	颗粒种类	胶结	运动方式	危害程度	治理难度
溜砂坡	崩坡积物	粗砂、砾石	无	溜砂 / 水砂流	大	较难
滚石坡	冲洪积物	砾石、卵石	无 ~ 弱	滚石 / 滑坡	中等	困难
碎石坡	残坡积物	砾石、碎石	无	碎石流 / 落石	很大	特难

　　该类地质灾害主要集中我国中西部干旱、半干旱的高寒山区峡谷路段，如藏东南的工布江达、林芝、波密、八宿、左贡、芒康等公路沿线。通过野外调查分析，碎屑斜坡在降雨融雪和地震等作用下，其破坏方式分为 3 种：一是在

降雨融雪或振动等作用下，斜坡上的单个岩土碎屑颗粒滚落，形成碎屑流，偶尔大颗粒滚落，触发下游的岩土颗粒失稳滚落，形成碎石雨；二是在降雨条件下，存在集雨汇水区的斜坡，当碎屑颗粒较小，极易形成水砂流向下运动；三是在降雨量较大时，碎屑斜坡存在局部滑动和整体滑动。

　　碎屑坡的 3 类破坏均对沿线公路及其设施造成威胁和破坏：一是斜坡上的碎屑颗粒向下滚动，极易砸毁挡墙、路面以及护栏等，威胁过往的车辆及行人；二是水砂流向下流动，极易冲毁防护网，并堆积于公路之上，阻碍公路畅通；三是碎屑坡的滑动，在下滑过程中解体滚落，威胁过往车辆和行人安全。这些灾害有的虽然规模不大，但数量众多，突发性较强，而且连续成群出现；有的突发性极强，且能量大、速度快、具有一定规模。下面将对溜砂坡、滚石坡和碎石坡分别展开阐述。

1. 溜砂坡

　　溜砂坡主要分布在波密玉普至然乌段，成分为二长花岗岩、片麻岩的风化产物，因主要成分为中粗砂和砾石而得名溜砂坡，约占 94.2% ~ 98.2%，含有极少的细粒和零星的碎石颗粒，属于崩坡积物，按照形态特征可以分为形成区、流通区和堆积区。溜砂坡在地震、振动等外力作用下，斜坡上的砂粒及零星碎石则向下滚动，极易砸毁挡墙、路面以及护栏等，威胁过往的车辆及行人。当降雨融雪的地表水与砂粒混合成水砂流向下流动[9]，极易冲毁防护网，并堆积于公路之上，阻碍公路畅通。

　　当降雨融雪量大于水砂流起动阈值时，溜砂坡形成区汇水形成地表暂时性洪流，在溜砂坡堆积区与砂粒混合，形成水砂流呈树根状向下流动，堆积于坡脚。其运动轨迹呈"树根状"沿着溜砂坡边缘运动，使堆积区形成倒置"酒杯状或扇形"。

◀ 图 2.156　溜砂坡群（宗坝）
◎ 国道 G318

► 图 2.157　溜砂坡全貌

► 图 2.158　大型溜砂坡堆积区
◎ 国道 G318
◎ 帕隆藏布
◎ 棚洞

► 图 2.159　宗坝溜砂坡群全貌
◎ 国道 G318

◀ 图 2.160　溜砂坡形成区全
　　貌

◀ 图 2.161　溜砂坡堆积区及
　　治理棚洞
◎ 国道 G318

◀ 图 2.162　溜砂坡堆积区近照

► 图 2.163　溜砂坡水砂流全景
◎ 形成区
◎ 流通区
◎ 堆积区

► 图 2.164　溜砂坡堆积区水
　　砂流启动
◎ 水砂流

► 图 2.165　树根状水砂流痕迹

◀图 2.166　SNS 主动防护网
治理后水砂流流动痕迹
◎ 水砂流痕迹

◀图 2.167　SNS 主动防护网
治理后水砂流流动痕迹
◎ 水砂流痕迹

2. 滚石坡

滚石坡主要分布在藏东南河谷路段，由河谷阶地发育而成，主要成分为砾石、卵石等冲积物，并含有少量的漂石和粉砂，具有较高的磨圆度，属于河谷阶地冲洪积物斜坡，按照形态特征可以分为形成区和堆积区。由于公路工程建设、山洪冲刷或河水冲刷等作用，岩土颗粒裸露，当降雨融雪时，裸露的岩土颗粒不断剥落以及形成区局部滑坡解体形成滚石灾害，砸毁挡墙、路面及防护网，阻断交通，严重威胁过往行人及车辆安全。

▲　图 2.168　滚石坡全貌（金达乡）

◎ 滚石坡

◎ 国道 G318

▼图 2.169　滚石坡局部

◀ 图 2.170 滚石坡局部

◀ 图 2.171 滚石坡局部与不
断加高的挡墙
◎ 第四次修建石笼
◎ 第三次修建石笼
◎ 第二次修建挡墙
◎ 第一次修建挡墙
◎ 国道 G318

◀ 图 2.172 滚石坡局部与不
断加高的挡墙
◎ 第二次修建挡墙
◎ 第一次修建挡墙

► 图 2.173　滚石坡全貌
◎ 滚石坡

► 图 2.174　滚石坡局部及
SNS 被动防护网
◎ 被动防护网
◎ 国道 G318

► 图 2.175　滚石坡局部
◎ 国道 G318

◀ 图 2.176　滚石坡局部
◎ 国道 G318

◀ 图 2.177　滚石坡全貌
◎ 加兴村
◎ 滚石坡
◎ 拉林高速公路
◎ 国道 G318

◀ 图 2.178　滚石坡局部
◎ 第二次修建挡墙
◎ 第一次修建挡墙
◎ 石笼
◎ 国道 G318

▲ 图 2.179　滚石坡局部　　◎ 国道 G318

3. 碎石坡

碎石坡在藏东南均有分布，主要成分为板岩、千枚岩等风化的残坡积物，以砾石和碎石颗粒为主，并含有零星的块石，且菱角分明，按照形态特征可以分为形成区、流通区和堆积区。当含水率变化或振动时，处于极限稳定的颗粒失稳运流动，同时触发其下游碎石运动形成"碎石雨"，并伴随阵阵异响和滚滚粉尘，堆积体滑动时也极易形成碎屑流，从而冲毁公路防护网、挡墙等设施，砸毁路面及过往车辆，砸死砸伤过往行人，极易阻断公路。

▶ 图 2.180　小型碎石坡全貌

◀ 图 2.181 碎石坡群（米拉山）

◀ 图 2.182 碎石坡堆积区（玉普）

◀ 图 2.183 碎石坡堆积区（浪卡子）

◎ 国道 G349

◀ 图 2.187　碎屑坡堆积区（八宿）

◀ 图 2.188　碎屑坡（益秀拉山）

◀ 图 2.189　碎石坡堆积区（米更）

► 图 2.190　碎石坡（聂拉木）

► 图 2.191　碎石坡（旭雀池）

► 图 2.192　碎石坡（吉隆）

◀ 图 2.193 碎石坡（旭雀池）
◎ 国道 G318

◀ 图 2.194 大砂坡全景（丙
察察线）
◎ 怒江

◀ 图 2.195 正在溜动的大砂
坡
◎ 怒江
◎ 国道 G219

► 图 2.196 大砂坡与公路
◎ 怒江
◎ 国道 G219

► 图 2.197 大砂坡附近抢险
  救援的机械
◎ 国道 G219
◎ 怒江

3 冰川灾害链

青藏高原典型的地质灾害中，冰川及其诱发的灾害极为发育。冰川可以分为大陆性冰川和海洋性冰川，以海洋性冰川及其诱发的灾害最为显著，主要为雪崩、冰川碎屑流、冰川泥石流、冰湖溃决、堰塞湖等。冰川作用可以形成冰崩、冰湖溃决、冰川碎屑流、冰川泥石流等灾害，以致堵塞下游江河形成堰塞湖形成灾害链。

3.1 雪　崩

波密是西藏著名的冰川之乡，据不完全统计，波密县境内具有一定规模的冰川就达 2 040 余处，每年的 3 ~ 4 月是雪崩及冰崩发生的高峰时期，其中影响较为严重的有 G318 国道玉普至然乌段、墨脱公路的扎木镇至嘎隆拉山隧道段，每年都会发生数次较大规模的雪崩灾害。

▼ 图 3.1　宗坝雪崩全景
◎ 国道 G318

► 图 3.2 扎墨公路雪崩堆积区
◎ 扎墨公路

► 图 3.3 雪崩冰雪堆积物堵
  塞河流、掩埋公路

◎ 国道 G318

▼ 图 3.4 雪崩冰雪堆积物
  及冲毁公路护栏

◀ 图 3.5 双雪崩冰雪堆积物

◀ 图 3.6 雪崩冰雪堆积物堵塞帕隆藏布河道

3.2 高位冰川碎屑

藏东南喜马拉雅山脉东端倒"夕"字形区域，其构造运动强烈，高山峡谷众多，受印度洋暖湿气流的影响，海洋性冰川极为发育，由于昼夜温差较大，寒冻风化强烈，冰川碎屑物极为丰富，因此冰川碎屑灾害频发。高位冰川碎屑堆积体灾害的能量巨大、运动速度极快（最高速度 84 m/s）、距离较远（多数大于 5 km 以上），一旦失稳：极易堵塞下游江河，形成堰塞湖；掩埋村庄，造成人员伤亡和财产损失；威胁重大基础设施（川藏铁路、川藏高速公路、水利水电等），其经济损失和社会影响极大。

▶ 图 3.7 小型冰川碎屑流全貌

▶ 图 3.8 冰川碎屑侧面
◎ 国道 G559

▶ 图 3.9 高位冰川碎屑全貌

◀ 图 3.10　高位冰川碎屑堆积

▼ 图 3.11　高位冰川碎屑全貌

3.3　冰湖溃决

由冰川作用形成冰湖在藏东南较为显著，冰川规模越大、越活跃，其形成冰湖就越显著，当冰湖发展到一定规模，受溢流冲刷、突然滑动、渐进式破坏3 种因素影响均会导致冰湖溃决。冰湖溃决最为著名的有次仁玛措，其冰湖是典型的冰川终碛阻塞湖，简称终碛湖。次仁玛措冰湖位于樟藏布沟 3# 支沟，湖面高度变化为 4 640 ~ 4 690 m，1981 年溃决前，冰湖长 1.5 km，面积 0.643 km²，蓄水量仅 $2 \times 10^7 \, \text{m}^3$，冰湖上缘紧临阿玛次仁冰川。

2016 年，"7·5"聂拉木冰湖溃决灾害链（泥石流—冰湖溃决—洪水—泥石流—洪水），冲毁电站 1 座，8.1 km 范围内河道淘蚀、道路损毁、路基沉降，道路全面中断，直接经济损失约 3 亿元[10]。

▼ 图 3.13　米堆冰川终碛阻塞湖

◀ 图 3.14 扎墨公路冰川冰湖
的形成

3.4 堰塞湖

西藏高原堰塞湖基本都是冰川碎屑流、冰川滑坡以及冰川泥石流等灾害诱发形成，属于冰川的灾害链。西藏著名的堰塞湖有然乌湖、古乡湖、易贡湖、巴松措、洛木措、安目措等。除巴松措分布于尼洋河以外，其余的堰塞湖均分布在帕隆藏布流域。

▼ 图 3.15 古乡堰塞湖全景
◎ 古乡
◎ 古乡湖
◎ 泥石流堆积扇
◎ 国道 G318

► 图 3.16　古乡湖全貌远景
◎ 泥石流堆积扇

► 图 3.17　泥石流堆积体及堰
　　塞湖远景
◎ 泥石流堆积扇

► 图 3.18　古乡泥石流堆积扇
　　与湖口
◎ 古乡湖
◎ 泥石流堆积扇

◀ 图 3.19　古乡湖上游及泥石流堆积扇

◎ 古乡

◎ 古乡湖

◎ 泥石流堆积扇

◀ 图 3.20　然乌湖全景

◎ 然乌湖

◎ 国道 G318

◀ 图 3.21　湖中泥石流堆积扇

◎ 国道 G318

◎ 泥石流堆积扇

◎ 然乌湖

► 图 3.22　然乌湖中
　下游
◎ 国道 G318
◎ 然乌湖

► 图 3.23　然乌湖中上游
◎ 然乌湖

► 图 3.24　溢流口全景
◎ 湖口
◎ 然乌湖

◀ 图 3.25　然乌湖溢流口照片

▲ 图 3.26　易贡湖俯视照片
◎ 扎木弄沟
◎ 断层遗迹
◎ 易贡湖

► 图 3.27 易贡湖全景
○ 易贡湖
○ 泥石流堆积扇
◎ 易贡藏布
◎ 扎木弄沟

► 图 3.28 易贡湖远景
◎ 易贡湖

► 图 3.29 冬天的湖面
◎ 易贡湖

◀ 图 3.30 易贡湖左侧扎木弄沟滑坡
◎ 扎木弄沟

◀ 图 3.31 易贡湖右侧泥石流堆积扇
◎ 泥石流堆积扇

◀ 图 3.32 扎木弄沟全景
◎ 扎木弄沟

▲ 图 3.34　巴松措俯视

◎ 泥石流沟

◎ 堰塞体

◎ 巴松措

4 冻土灾害

青藏高原典型的地质灾害中，冻土灾害在整个西藏均有分布，主要集中在藏北一带，阿里地区和那曲地区最为严重。冻土灾害对区域内的工程影响较为严重，如青藏公路、青藏铁路以及藏北的房屋等。典型的冻土灾害有冻胀融沉、冻拔以及涎流冰等，其中冻拔分为上拔、拔歪和拔断，而拔断较为少见。

4.1　冻胀融沉

冻土的冻胀融沉在青藏公路十分常见。安多至昆仑山一带，公路受冻胀融沉的影响，常呈现出波浪状、裂缝、下沉、翻浆等，严重影响公路的安全畅通，目前采用的主要防治方法有块石换填、热棒以及桥梁跨越等。

◀ 图 4.1　青藏公路冻土路段
　（唐古拉山）
◎ 融陷变形的路面
◎ 国道 G109

◀ 图 4.2　青藏公路冻土路段
　（唐古拉山）
◎ 倾斜的散热管
◎ 国道 G109

► 图 4.3 青藏公路冻土及冰
雪路段（唐古拉山）
◎ 国道 G109

► 图 4.4 冻土形成的波浪路
段（达嘎至达贡玛道路）

► 图 4.5 冻土形成的波浪路
段（达嘎至达贡玛道路）

◀ 图 4.6 冻土形成的波浪路段（达嘎至达贡玛道路）

▲ 图 4.7 冻土形成的波浪路段（达嘎至达贡玛道路）　◎ 融陷后临时填埋处理

4.2　冻　拔

　　冻拔是冻土在藏北高原常见的一种冻土灾害。冬天冻胀，导致电杆被顶出、
拔断；夏季融沉，导致电杆歪斜和倾倒。由于之前经验不足，对冻拔灾害重视
不够，没有采用足够的预防措施，因此，藏北区域电杆的冻拔灾害较为严重。
目前最好的整治办法是绕避冻害严重路段，电杆底部堆载块石等。

▼ 图 4.9　冻害形成的"醉汉
电杆"（索县）

◀ 图 4.10　冻害导致电杆上拔
　（嘉黎县）
◎ 上拔

◀ 图 4.11　冻害导致电杆上扒
　（当雄县）
◎ 上拔

◀ 图 4.12　冻害导致电杆歪斜
　（嘉黎县）
◎ 电杆歪斜

► 图 4.13　冻害导致电杆歪斜
　　（卡诺拉）

► 图 4.14　冻害导致电杆倾倒
　　（巴青县）

◎ 电杆倾倒

► 图 4.15　电杆底部堆载块石
　　（安久拉山）

◎ 石堆

◀ 图 4.16　电杆底部堆载块石
　　　　　（卡诺拉）

4.3　涎流冰

　　涎流冰主要是因为地下水渗出地表，受低温影响结冰形成，不仅影响公路畅通，而且导致路面加速破坏。目前主要治理措施有明洞、挡土墙等，但是仍然没有一种较为理想的治理办法，有待于进一步深入开展治理研究。

◀ 图 4.17　涎流冰（亚隆沟）
◎ 国道 G318

► 图 4.18　涎流冰（东达山）
◎ 国道 G318

► 图 4.19　涎流冰与破坏的
路面
◎ 国道 G318

► 图 4.20　涎流冰采用的明洞
治理措施
◎ 国道 G318

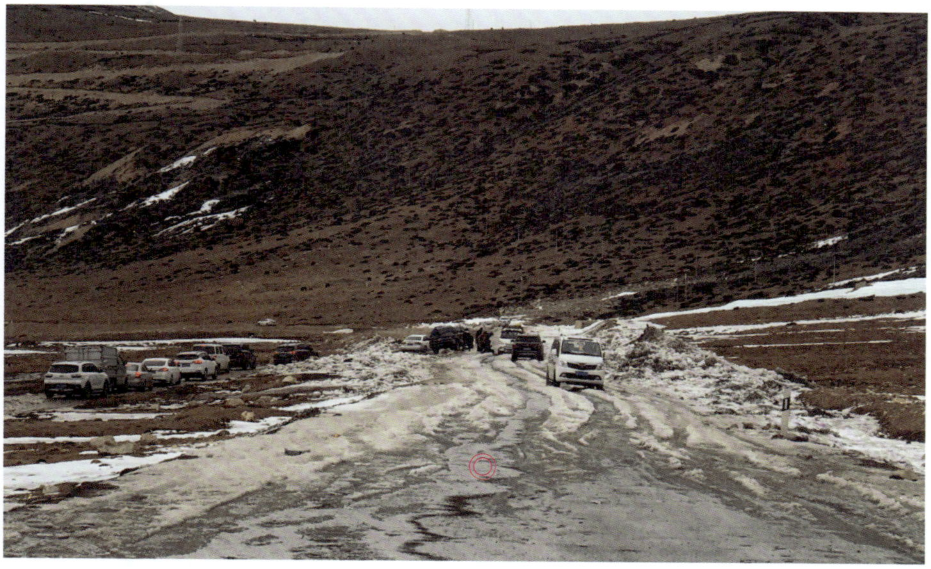

◀ 图 4.21　涎流冰导致公路通行受阻

◎ 国道 G318

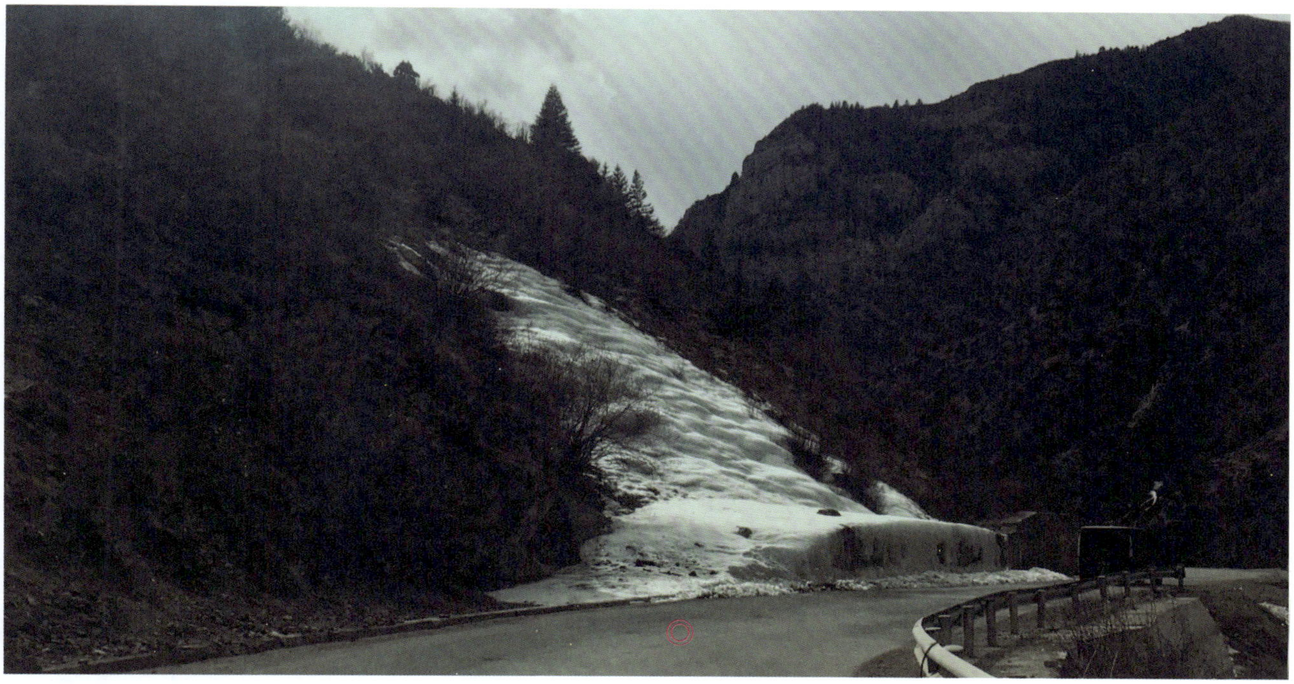

▲ 图 4.22　涎流冰翻越挡土墙　　◎ 国道 G318

5 地震灾害

印度板块和亚欧板块的相互作用，造成青藏高原分布着著名的喜马拉雅至地中海地震带。因此，西藏是我国地震灾害的主要分布区，有历史记载的大地震有：1950年墨脱察隅8.6级大地震、1947年朗县东南7.7级地震、1915年曲松县罗布沙7.0级地震等。同时西藏的大部分区域也处于高地震烈度区域，导致其崩滑流等次生灾害较多，如东构造结附近地震灾害频发，山体松散破碎，崩滑流等地质灾害相对较多。地震导致的部分次生灾害内容在其他章节中进行了阐述，因此，本章节中不再赘述。

5.1 地震灾害现状

根据历史资料分析，西藏由北而南划分为3个一级构造单元：羌塘—三江造山系、班公湖—双湖—怒江对接带和冈底斯—喜马拉雅造山系[11]。其地震活动主要受活动构造带控制，其次受喜马拉雅边界翘起带和冈底斯断块翘起带所制约。从1985年至今，西藏发生3级以上的地震322次。地震较为集中的区域主要分布在昌都的芒康、八宿，林芝的米林、林芝和墨脱，拉萨的尼木，日喀则的仲巴、谢通门、定日，那曲的尼玛、聂荣及藏北无人区。

根据历史资料不完全记载，东构造结附近1938—1967年的29年间发生6级以上地震8次，其中1950年8月15日22时墨脱发生的8.6级地震最大，最近一次较大地震为2017年11月18日6时发生在迫龙附近6.9级的地震。其邻区地震中，2015年尼泊尔"4·25"地震对西藏日喀则地区影响较大。

5.2 西藏及邻区地震灾害

2015年4月25日14时11分，尼泊尔（北纬28.2°，东经84.7°）发生8.1级地震，西藏自治区日喀则部分县市受损严重，造成樟木口岸关闭，樟木镇搬迁。紧邻尼泊尔的聂拉木县、吉隆县等地房屋、道路、桥梁严重受损，崩滑流地质灾害加剧。

▶ 图 5.1 地震造成大量斜坡
　　失稳破坏（樟木）

▶ 图 5.2 通往樟木口岸公路
　　边坡失稳

▶ 图 5.3 通往吉隆口岸公路
　　边坡失稳
◎ 国道 G216

▲ 图 5.4　地震后形成的泥石流灾害

▲ 图 5.5 地震破坏的房屋（樟木镇）

▲ 图 5.6 地震破坏的房屋（聂拉木县）

▲ 图 5.7　地震破坏的房屋（吉隆县）

▲ 图 5.8　吉隆口岸热索大桥受损

◎ 桥梁受损处

▲ 图 5.9　热索大桥受损局部照片

6 风砂灾害与河岸冲刷

西藏地区除了高原典型的斜坡地质灾害、冰川灾害链、冻土之外，还有风砂灾害及河岸冲刷等。

6.1 风砂灾害

西藏的风砂灾害主要分布在雅江河谷的日喀则、山南段。受喜马拉雅山脉的影响，该区域降水量偏少，而且高海拔带来的低气温、强日照以及高风速，导致蒸发量极大，年温差较小，日温差较大，属于典型的高原寒旱气候，冬春季风力强劲，风砂灾害十分明显，除每年6月至8月以外，全年均有风砂产生，约为300～400次/年，尤其是冬春季发生最为频繁，分别占沙尘暴总次数的58.5%和38.3%[12]。风砂灾害常常影响飞机的正常起降、公路的正常营运，也导致空气质量迅速下降，影响当地居民的正常生产生活。

▲ 图 6.1 雅江河谷的风砂堆积远景

◀ 图 6.2 雅江河谷最活跃的风砂堆积体俯视
◎ 高速公路
◎ 省道 S206

▲ 图 6.3　雅江河谷较大规模风砂堆积体俯视

▼ 图 6.4　干热的雅江河谷扬沙天气

▲ 图 6.5　雅江河谷机场段公路受风砂影响　　◎ 省道 S206

► 图 6.6　铁路和公路受风砂
　　影响
◎ 拉林铁路
◎ 省道 S206
◎ 泽贡高速公路

► 图 6.7　风砂影响行车安全
◎ 省道 S206

► 图 6.8　风砂堆积体的植被
　　治理
◎ 治砂人工植被

◀ 图 6.9　治理后的风砂斜坡

6.2　河岸冲刷

　　河岸冲刷是指因暴雨、洪水造成路基、路面、桥涵及其他设施的损毁。在尼洋河谷和帕隆藏布河谷沿岸的公路，常常受河水冲刷，导致路基沉降或道路被冲毁。由于藏东南水汽畅通、降水丰富，高山峡谷地形汇流迅速，加之其他山地灾害的演变，该地区每年都存在不同类型、不同规模的公路河岸冲刷危害，是整个西藏公路河岸冲刷类型最全、规模最大、发生频率最高的地区。

　　2020年夏季川藏公路（G318）的断道，除了达打桥因为泥石流断道以外，川藏公路（G318）西藏境内的断道均为河岸冲刷，导致公路坍塌断道。因此，川藏公路（G318）目前"卡脖子"路段的断道原因几乎都为河岸冲刷。

◀ 图 6.10　加龙坝河岸冲刷严重路段全貌

◎ 帕隆藏布

◎ 国道 G318

▶ 图 6.11　河岸冲刷严重路段
　　全貌
◎ 帕隆藏布
◎ 国道 G318

▶ 图 6.12　河岸冲刷局部照片
◎ 国道 G318
◎ 侵蚀形成的凹腔
◎ 帕隆藏布

▶ 图 6.13　河岸冲刷导致公路
　　坍塌
◎ 帕隆藏布
◎ 国道 G318

◀ 图 6.14　河岸冲刷导致路面
　　沉降
◎ 帕隆藏布
◎ 路面沉降
◎ 国道 G318

◀ 图 6.15　河岸冲刷影响公路
　　通行
◎ 国道 G318

◀ 图 6.16　河水冲刷导致公路
　　沉降
◎ 国道 G318

133

▲ 图 6.17　怒江段河水冲刷损毁公路的维修

► 图 6.18　索通村 1# 河水冲
　　刷点
◎ 帕隆藏布
◎ 国道 G318

► 图 6.19　索通村 1# 河水冲
　　刷点影响道路畅通
◎ 帕隆藏布
◎ 国道 G318

◀ 图 6.20　索通村 2# 河
水冲刷点全景
◎ 国道 G318
◎ 帕隆藏布

◀ 图 6.21　索通村 2# 河
水冲刷点局部
◎ 国道 G318
◎ 帕隆藏布

◀ 图 6.22　索通村 2# 河
水冲刷点局部俯视
◎ 国道 G318
◎ 帕隆藏布

► 图 6.23 索通村 2# 河水冲
刷点局部
◎ 帕隆藏布
◎ 国道 G318

► 图 6.24 索通村 2# 河水冲
刷点局部俯视
◎ 国道 G318
◎ 帕隆藏布

► 图 6.25 索通村 3# 河水冲
刷点正面全景
◎ 帕隆藏布

◀ 图 6.26　索通村 3# 河水冲
刷点背面全景
◎ 帕隆藏布

◀ 图 6.27　索通村 3# 河水冲
刷点局部
◎ 帕隆藏布

◀ 图 6.28　索通村 4# 河水冲
刷点正面全景
◎ 帕隆藏布
◎ 国道 G318

► 图 6.29 索通村 4# 河水冲刷点侧面全景
◎ 帕隆藏布
◎ 国道 G318

► 图 6.30 索通村 4# 河水冲刷点侧面
◎ 国道 G318
◎ 帕隆藏布

► 图 6.31 索通村 4# 河水冲刷点局部
◎ 国道 G318
◎ 帕隆藏布

◀ 图 6.32　索通村 4# 河水冲
　　刷点局部
◎ 帕隆藏布
◎ 国道 G318

◀ 图 6.33　河流冲刷（东久）

◀ 图 6.34　河水冲刷（海通沟）

7 数据采集与监测

在山地灾害的研究中，利用新的设备及技术进行数据采集，并利用新的设备进行现场监测，从而进行地质灾害的研究，不仅提高了工作效率和参数精度，而且研究结论更加合理可靠。

7.1　数据采集与三维建模分析

在边坡三维模型建模之中，作者团队利用自带 RTK 的无人机采集边坡的影像数据，再利用 Pix4D 软件处理无人机拍摄图片，得出其边坡的三维点云数据，然后将其导入 UNITY 软件或 UEDC 软件进行数值计算。其数值模拟计算的结果更加合理可靠。

◀ 图 7.1　野外数据采集的无人机、三维激光扫描仪以及 RTK 设备

◀ 图 7.2　固定翼无人机设备

▶ 图 7.3 三维激光扫描仪野
外数据采集

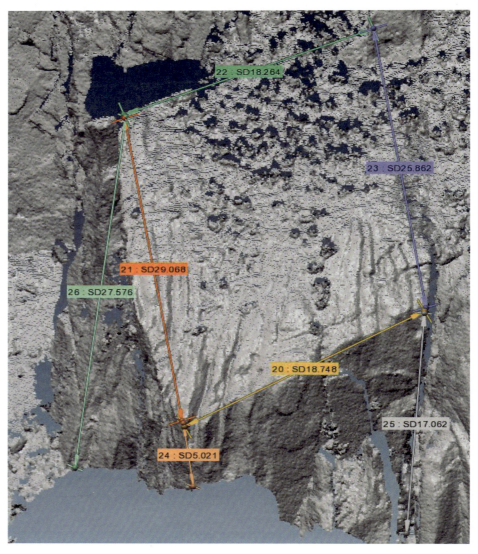

▶ 图 7.4 三维激光扫描仪采
集的边坡数据

◀ 图 7.5　Pix4D 软件计算生
　　成的三维点云

◀ 图 7.6　溜砂坡颗粒失稳启
　　动三维云图

◀ 图 7.7　溜砂坡颗粒滚动
　　三维云图

► 图 7.8 溜砂坡颗粒堆积三
维云图

▼ 图 7.9 溜砂坡颗粒速度、
加速度及位移曲线

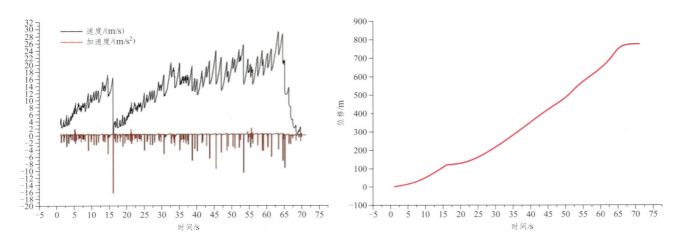

► 图 7.10 溜砂坡水砂流启动
三维云图

146

◀ 图 7.11　溜砂坡水砂流流动
　　三维云图

◀ 图 7.12　溜砂坡水砂流堆积
　　三维云图

▼ 图 7.13　溜砂坡水砂流速
　　度、加速度及位移曲线

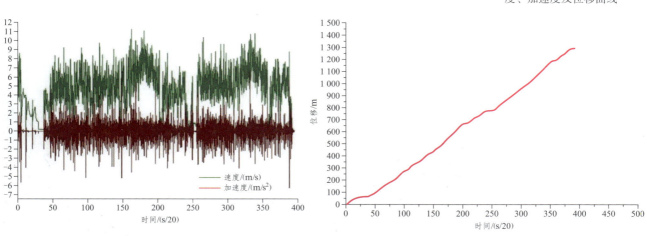

7.2　监　测

　　地质灾害的监测是通过传感器对监测对象进行测量，并转化为电信号传输到数据采集器，每间隔一定时间测读数据，然后通过数据传输部件，将数据自动采集器中暂存的数据传送到控制计算机，通信采用有线（电缆、光缆）和无线（小型电台、移动通信）相结合的方式，监测平台计算机控制整个系统的自动工作，将从采集器传送过来的数据整理、计算和存储，以图表和表格方式将数据实时显示出来，并应答对历史数据的查询。

▶ 图 7.14 监测平台室内控制中心

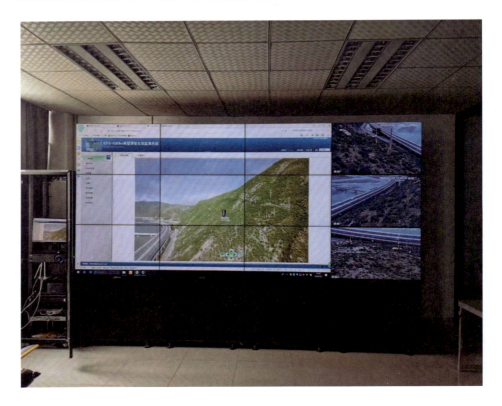

▶ 图 7.15 野外监测设备（波密县天摩沟）

◀ 图 7.16 气象监测设备（波密县宗坝）

◀ 图 7.17 监测设备（波密县比通沟）

► 图 7.18 滑坡监测设备（达
　　孜县拉姆村）

► 图 7.19 滑坡监测点（达孜
　　县拉姆村）

8 展望

全球气候变暖导致西藏的地质灾害逐年增多，同时西藏的重大基础设施（川藏铁路、川藏高速公路、水利水电）等建设，使得藏东南地区的高原特殊地质灾害的深入研究迫在眉睫。地质灾害研究对于加强边疆民族团结、巩固国防、加快经济建设、改善民生以及促进"一带一路"南亚通道建设等方面具有重要的战略意义。从前期的地质灾害调查结果来看，西藏地质灾害主要分布在藏东南区域；从灾害种类来看，冰川泥石流最多，除此之外，高原冻土、碎屑流、雪崩等灾害也十分严重。

1. 西藏地质灾害的特征

（1）全球气候变暖，导致与冰川相关的灾害增多。全球气候变暖，导致冰川冻土消融，使其冰川后退、湖泊扩展，典型的色林措即因冰川冻土消融，成为西藏第一大湖；同时林芝、波密一带的海洋性冰川灾害链不断爆发，例如2000年以来爆发的易贡大滑坡、天摩沟泥石流以及色东普沟的碎屑流，形成堰塞湖、溃坝等地质灾害链。

（2）铁路、高速公路、水利水电等建设中对灾害的影响。近年来，为了加强西藏的基础设施建设、改善民生、发展当地经济，川藏铁路、川藏高速公路、雅鲁藏布江水利水电开发提上议事日程。因此地质灾害对工程建设的影响有待进一步研究讨论，加强预测预报和工程整治有待进一步加强。

2. 西藏地质灾害研究的展望

西藏高原特殊地质灾害是需要加强研究的方向。应该从国家青藏高原第二次科学考察为基础，紧密结合国家的战略计划和西藏的经济建设，进一步加强高原特殊地质灾害的研究。

致　谢

本书的出版得到国家自然基金项目"川藏铁路昌都 — 林芝段高地温形成机理及对铁路隧道的影响研究（42072313）"和国家重点研发计划——深地专项（资助号：2018YFFC0604101）的资助。野外科学考察得到了国家自然科学基金项目"G318 西藏境内溜砂坡流水作用下失稳与运动机理"（41662020）、"G318 西藏林芝 — 波密段斜坡动力响应与滑坡启动机理研究"（41462012），以及西藏大学双一流学科建设项目"高原重大基础设施实时在 线监测中心"和"一江四河流域环境质量与地质灾害现状调查及相互影响机制"等的资助。

野外数据采集中，得到了天津大学吕学斌教授，同济大学赵程教授，西南交通大学马德芹副教授，西藏大学张金树高工、薄雾老师、吴华高工、张根老师、冯佳佳老师、李仁春老师，以及央金卓玛老师的支持和帮助；在数据采集和专著修改中还获得大连理工大学赵鹏辉博士的鼎力协助；获得西藏大学杨富豪硕士、陶伟硕士、曹亮硕士，肖阳同学、李文俊同学、安阳同学、李豪同学、路昊天等同学的协助；室内数据处理得到了西藏大学孙勃鎌同学、曹景轩同学的协助。同时在数据采集过程中得到了：涂林、马元强、朱雪枫、张新、鲁振邦、泽旺尼扎、钱学军、陈宽、黄润武、 赵吉全、蒙海、胡学明、赵帅、安禹儒、夏帅、付东、魏央章扎西等好友提供的各种帮助。

在专著编写过程中，西南交通大学谢强教授、郭永春副教授提出了宝贵的修改建议。在出版过程中，得到了西南交通大学出版社覃维老师的宝贵支持，列入四川省 2020—2021 年度重点图书出版规划项目。除此之外，还得到了很多学者、朋友提供的各种帮助，在此衷心感谢。

专著的出版过程中还得到了大连理工大学和四川建筑职业技术学院等单位提供的各种便利，在此特别鸣谢。

参考文献

［1］ 李同录，赵剑丽，李萍．川藏公路 102 滑坡群 2# 滑坡发育特征及稳定性分析 [J].灾害学，2003，018（4）：40-45.

［2］ 邓养鑫．西藏樟木的滑坡 [J].中国水土保持，1988（02）：13-16，65.

［3］ 李云贵，温清茂．西藏樟木滑坡变形机理与趋势分析 [J].水文地质工程地质，1995，022（5）：32-35.

［4］ 王立朝，温铭生，冯振，等．中国西藏金沙江白格滑坡灾害研究 [J].中国地质灾害与防治学报，2019，30（01）：5-13.

［5］ 邱云，邓兴富．金沙江白格滑坡灾害抢险 [J].四川水力发电，2018，37（6）：224.

［6］ 高波，张佳佳，王军朝，等．西藏天摩沟泥石流形成机制与成灾特征 [J].水文地质工程地质，2019，46（5）：144-153.

［7］ 季新友，刘运平，吴臻林，等．川藏公路迫龙沟泥石流形成机理及处置方案 [J].中外公路，2018，27：43-48.

［8］ 叶唐进，谢强，王鹰．国道 G318 藏东段碎屑斜坡分类与稳定性评判 [J].工程地质学报，2019，27（4）：914-922.

［9］ 叶唐进，谢强，王鹰．国道 G318 玉普至然乌段溜砂坡形成中流水作用的讨论 [J].公路，2016（7）：63-67.

[10] 程尊兰，朱平一，宫怡文．典型冰湖溃决型泥石流形成机制分析 [J].山地学报，2003（6）：716-720.

[11] 刘成，毛晓冬，张俊海．浅析西藏区域大地构造分区及特点 [J].云南地质，2014，33（4）：462-465.

[12] 陈定梅，吴明芳．山南雅鲁藏布江中游干季沙尘天气的气候特征、成因分析及预防 [J].西藏科技，2007（12）：50-53.